Introduction

EXAMINONS AU MICROSCOPE une goutte d'eau d'étang; une goutte d'eau d'étang; un véritable monde en miniature se révèle, peuple par une multitude d'organismes invisibles a l'œil nu. Bon nombre d'entre eux appartiennent à l'embranchement du protozoaire : leur taille varie de plusieurs microns à quelques millimètres. Certains protozoaires ont des affinâtes végétales ; ils possèdent des pigments a l'aide desquels ils peuvent fabriquer des substances nutritives par photosynthèse. On va même jusqu'à les classer parmi les plantes .Ils se rapprochent nettement, pourtant, d'autres espèce de protozoaires qui, eux, sont dépourvus de pigments et doivent se nourrir comme le font les animaux car ils ne peuvent synthétiser leur nourriture.

La plupart des protozoaires sont des êtres unicellulaires constitues d'une seule masse de protoplasme comprenant un seul noyau et entourée d'une membrane Protoplasmique plus ou moins différenciée. Nous en verrons qui sont plurinucléés et d'autres ou plusieurs individus s'associent pour former une colonie. Un protozoaire n'est pas un organisme simple. Il suffit de le comparer aux cellules spécialisées forme un tissu et les tissus, a leur tour les organes qui servent aux animaux pour se déplacer, pour respirer, excréter, se reproduire, etc. chez le protozoaire, toutes ces activités doivent avoir leur siège dans l'infime grain de protoplasme qui le constitue tout entier. A l'encontre des protozoaires, les cellules spécialisées des métazoaires, ou animaux pluricellulaires, sont incapables de vie indépendante.

Leur complexité même permet aux protozoaires de s'adapter à une gamme variée d'environnements. Ils pullulent dans les étangs d'eau fraiche ou d'eau stagnante, les mares d'eau de pluie, les marais et les ruisseaux. On les trouve en abondance dans la boue, dans le sol humide, dans les marais salants et même jusque dans les sources thermales dont la température atteint 150^0 F. Beaucoup d'espèces sont marines ; on en trouve decouvert dans les bancs de neige. De nombreuses espèces vivent en parasites dans les cavités, dans les tissus ou même a l'intérieur des cellules des plantes comme des animaux.

Il existe probablement entre quinze ou vingt mille espèces de protozoaires : On n'a encore réussi a en faire une classification vraiment adéquate .Nous classons cependant les protozoaires en cinq grands groupes : les flagelles, les protozoaires amiboïdes, les sporozoaires sont classes d'après certains caractères communs, mais peuvent présenter des formes différentes a l'intérieur d'un groupe.

Les flagelles (mastigophores), Leurs classes et affinités

Les flagelles sont caractérisés par la présence d'un ou de plusieurs longs filament les flagelles-habituellement fixes a la partie antérieure du corps. Un flagelle peut servir d'organe natatoire ou engendrer des courants d'eau pour entrainer vers son porteur des particules de nourriture .Il peut aussi constituer un organe tactile pour explorer l'environnement.

La cellule des flagelles est recouverte d'une pellicule résistante. Certaine espèces peuvent être logée dans une valve (écaille), revêtues de plaques ou protégées par une « armure» d'un autre type .On trouvera souvent chez les flagelles des pseudopodes (« faux pieds») formes par l'ecoulement du protoplasme de la cellule.la cellule se déplace par suite du mouvement de son protoplasme dans le pseudopode en formation.

Ces pseudopodes doivent donc être considérés comme des extasions temporaires de la cellule.

Les flagelles sont divises en deux grandes classes selon qu'ils ressemblent a des affinités végétales possèdent des chromatophores, organes contenant de la chlorophylle. Chez certaines espèces, le vert de la chlorophylle est plus ou moins masque par d'autres pigment rouges , bruns ou jaunes .Les flagelles verts fabriquent leur propre nourriture –des protéines et des hydrates de carbone-a partir du gaz carbonique ,d'eau et des sels en utilisant comme source d'énergie la lumière du soleil captée par la chlorophylle.

Les flagelles peuvent facilement former des kystes, en s'arrondissant et en secrétant en surface une membrane plus ou moins imperméable. Ainsi enkyste, l'animal peut supporter une dessiccation complète. Il peut aussi être transporte par le vent.

En plus de cette aptitude de formation de kystes résistants, plusieurs flagelles verts peuvent aussi passer par ce qu'on appelle le stade palmella. L'organisme s'arrondit et perd ses flagelles, il peut continuer à croitre et se reproduire par fission (division de la cellule en deux parties égales) ; ainsi se forment les grandes étendues de limon vert, qui recouvrent parfois la surface des étangs.

Les dinoflagellés se distinguent des autres flagelles vert en ce que leur paroi cellulaire est creusée de deux sillons, l'un équatorial et l'autre longitudinal qui, tous deux, contiennent un flagelle. Il y a généralement dans la cellule deux vacuoles de couleur rose ; elles communiquent avec l'extérieur par des canalicules. Ces vacuoles servent a l'absorption des liquides nutritif et peut-être aussi des particules solides. Quand il existe des chromatophores, leur couleur varie du jaune-brun au bleu vert. La surface de la cellule peut être nue, ou comporter un mince recouvrement de cellulose. La plupart des dinoflagellés sont marins, et font partie du plancton, c'est-à-dire de ce groupe d'organismes aquatiques qui flottent au gré des courants parce que leurs organes de locomotion sont absents ou insuffisants. Plusieurs dinoflagellés produisent des substances toxiques, qui causent la mort de quantités énormes de poissons.

Un autre flagellé vert, Chlamydomonas, fait parie d'un groupe de flagelles d'eau douce chez lequel la chlorophylle, quand il s'en trouve, n'est pas masquée par d'autres pigments. Ces organismes sont donc la plupart du temps aussi verts que l'herbe.la neige rouge dont on parle quelquefois doit sa couleur a une variété rouge de *Chlamydomonas* qui vit dans la neige fondante.

Eudorina est un flagelle vert de curieuse apparence. Il s'agit, en réalité, d'un groupe de trente-deux organismes distincts dispos en ordre lâché près de la surface d'une sphère gélatineuse. Eudorina ressemble en cela a *volvox* qui est généralement classe parmi les algues, vivant en colonies mobiles, principalement dans les eaux douces.

Eugela constitue aussi un exemple typique de flagelle d'eau douce à affinités vegetales. On en connait plusieurs espèces qui sont toutes allongées en fuseau. L'unique flagelle est porte sur les parois de la bouche qui s'ouvre a la partie antérieure du corps et se gonfle ensuite a la façon d'une fiole. En présence de lumière. L'euglène se sert de sa chlorophylle et de gaz carbonique pour fabriquer des sucres. A l'obscurité, ou si elle a perdu sa chlorophylle, l'euglène devra produire ses sucres a partir de sources organiques de carbone, comme les acides organiques de Carbonne, comme les acides organiques par exemple, qu'elle absorbe. Certains auteurs préfèrent considérer l'euglène comme une plante ; on en parle ailleurs comme telle dans notre livre même.

Chez les flagelles « animaux», on ne trouve jamais de chromatophores ; ils sont donc incapables de fabriquer eux-mêmes leur nourriture. Les formes parasites et d'autres aussi absorbent les substances nutritives solubles du milieu dans lequel elles vivent. Les autres, le plus grand nombre, se nourrissent de micro-organismes ou de particules digestibles en suspension dans l'eau. Cette nourriture est concentrée dans des vacuoles digestives qui se forment dans le protoplasme du flagelle et c'est à ce niveau que s'accomplit la digestion. Comme il n'y a pas de paroi cellulosique, la cellule est plastique, sa forme peut changer d'un moment à l'autre.

Plusieurs espèces de flagelles, du genre Trypanosoma, sont d'une importance considérable pour l'homme. L'une d'elles, trypanosoma gambieuse, cause la maladie du sommeil. C'est un organisme élance et sinueux, pointu aux deux extrémités. L'unique flagelle est replie postérieurement le long du corps et y est relie postérieurement le long du corps et y est relie par une mince pellicule, la « membrane ondulante» qui suit les ondulations du flagelle. La mouche tsé-tsé ingère des trypanosomes quand elle pique un animal qui en contient dans son sang. Les trypanosomes se développent d'abord dans le tube digestif de la mouche et passent ensuite dans ses glandes salivaires. Finalement, quand la mouche pique une autre victime, les flagelles sont injectes dans le sang de ce nouvel hôte. Ils envahissent les ganglions lymphatiques et quelquefois le fluide cérébrospinal (le liquide qui emplit les cavités du cerveau et de la moelle épinière) et causent ainsi la maladie du sommeil.

Trypanosoma cruzi est l'agent de la maladie de chagas, fréquente en Amérique du sud, qui affecte les muscles, le cœur et le système nerveux .D'autres trypanosomes visent dans le sang des poissons, des batraciens, des reptiles, des oiseaux et des mammifères.

Les eaux douces recèlent des flagelles aux formes étranges, par exemple codosiga et protospongia. Ce sont des organismes de forme ovale qui portent une collerette autour de la base de leur flagelle. Cette membrane protoplasmique les aide a obtenir leur nourriture ; en effet, les bactéries ou les autres particules nutritives sont retenues dans la collerette et y sont lentement amenées vers la surface de la cellule.

Chez codosiga, un certain nombre de ces « cellules à collerette » sont portes en touffes au bout d'une tige simple ou ramifiée. Protospongia est une colonie de six a soixante organismes enrobes irrégulièrement dans une masse gélatineuse. Seules les cellules superficielles portent des collerettes. Celles de l'intérieur n'en ont pas les seuls autres animaux possédant des « cellules a collerettes » sont les éponges. Il se peut bien qu'elles aient évolué d'organismes analogues à *protospongia*.

Diverses espèces de flagelles du genre *Trichomonas* vivent dans l'intestin des vertèbres et se nourrissent des bactéries et des levures qui abondent en ce milieu. On trouve chez l'homme des formes différentes de trichomonas dans la bouche, le colon et le vagin. Un trichomonas typique se reconnait à sa petite taille, a sa forme ovale et a la présence de cinq flagelles dont quatre sont libres et le dernier est relie au corps par une membrane ondulante.

Un gros flagelle incolore, *trichonympha,* vit dans le tube digestif des termites. Il y digère les particules de bois avalées par son hôte, ce qui rend les produits de sa digestion assimilables au termite. Si un termite vient a perdre ses flagelles, il meurt faim malgré tout le bois qu'il peut manger. *Trichonympha* est un organisme en forme de cloche, couvert d'une multitude de flagelles. C'est, en outre, un des plus complexes parmi les flagelles. On a decouvert des formes qui lui sont apparentées dans le tube digestif des coquerelles et des insectes xylophages (mangeurs de bois).

Les protozoaires amiboïdes (sarcoïdes)

Les protozoaires du type de l'amibe formant la classe des sarcodinés flottent ou rampent en milieu liquide. La membrane protoplasmique est mince et permet la formation de pseudopodes qui servent a la locomotion et la capture des proies .Le groupe comprend des espèces nues, au corps aisément déformable, d'autres ont acquis un squelette interne ou externe qui les protège et donne a la cellule une certaine rigidité. Les sarcodines se nourrissent presque exclusivement d'organisme microscopique tel que d'autres protozoaires, de micro-organismes pluricellulaires ou d'algues.

Le mieux connu des sarcodines est l'amibe d'eau douce (Amoeba).C'est un gros protozoaire qui peut atteindre jusqu'à trois cinquième de millimètre. L'amibe peut émettre à la fois plusieurs pseudopodes qui s'allongent comme les doigts de la main. Son protoplasme comprend un noyau, plusieurs vacuoles nutritives, des granulations, des cristaux et une vacuole contractile.[4]

(4) La fonction de la vacuole contractile est de pomper l'eau. Comme l'amibe vit en eau douce, il y pénètre continuellement de l'eau, par osmose. La vacuole contractile élimine cette eau à mesure et prévient ainsi le gonflement sinon l'éclatement de la cellule. Tous les protozoaires d'eau douce sont pourvus de vacuoles contractiles.

Une amibe géante, pelomyxa carolinensis, possède plusieurs centaines de petits noyaux. Elle peut atteindre un diamètre aussi considérable que cinq millimètres. Plusieurs amibes sont parasites de l'homme, par exemple Entamoeba histolytica, du gros intestin, qui cause la dysenterie amibienne. Cette amibe secrète une substance qui liquéfie la muqueuse intestinale. C'est ce qui lui permet de s'introduire dans les couches conjonctives et musculaires de la paroi ou elle se nourrit de débris des cellules éventuellement envahir le foie ou elles causent des abcès dangereux. Une autre espèce *d'Entamoeba* semble jouer un rôle dans une maladie dentaire très sérieuse, la pyorrhée.

Les plasmodes des myxomycètes ont beaucoup de points communs avec les amibes, bien que n'étant pas des protozoaires. Au cours de son cycle vital, le myxomycète prend l'aspect d'une masse énorme de protoplasme nu qui peut atteindre de plusieurs pouces. Ce «plasmode» contient des milliers de noyaux. Il se déplace (ou plutôt s'écoule) de préférence dans les endroits humides comme les troncs pourris, les feuilles mortes, les tas de fumier ou le terreau. Il se nourrit de bactéries et autres organismes microscopiques ou absorbe des aliments liquides. Le plasmode

Forme éventuellement des spores (cellules reproductrices résistantes). Ces spores libèrent a la germination de petites amibes qui, un jour, s'uniront pour donner un nouveau plasmode.

Des coquilles de sarcodines recouvrent le fond des océans

Arcella et diffugia sont des amibes qui s'abritent dans des tests à cavité simple. La « coquille» d'Arcella est transparente ou brunâtre et est faite de petits cristaux siliceux soudes ensemble. Le test est arrondi en dôme avec un plancher concave muni d'un orifice central d'où émergent les pseudopodes. Diffugia confectionne une loge arrondie ou pyriforme en « collant» ensemble des grains de sable. On trouve ces deux amibes à carapace dans le sol humide ou en d'eau douce.

Les foraminifères sont des amibes à coquilles qui vivent presque exclusivement dans la mer. Leur coquille comprend la plupart du temps plusieurs loges. Les foraminifères se secrètent d'abord une coquille simple et y ajoutent de nouveaux compartiments a mesure qu'ils grossissent. Ces coquilles sont souvent siliceuses ou calcaires mais elles peuvent aussi contenir des matières étrangères que l'animal ramasse avec ses pseudopodes et cimente dans les ;parois de sa coquille peuvent être disposes en chapelet ; on en trouve qui sont enroules en spirale comme la coquille d'un escargot ou même en plusieurs files, disposes en torsades, ou plus simplement empiles sans ordre les uns sur les autres la coquille est recouverte de protoplasme car elle se trouve en réalité dans le corps de l'animal les fins pseudopodes forment un réseau ou s'empêtrent les petits organismes qui sont la proie des foraminifères. Parmi les plus connus des foraminifères, on peut citer le groupe des Globigerina. L'accumulation de leurs coquilles constitue la boue à foraminifères qui recouvre le fond de plusieurs océans.

Les sarcodines comprennent aussi le groupe des héliozoaires et celui des radiolaires.

Les héliozoaires vivent en eau douce. Leur corps sphérique est boursoufle de nombreuses vacuoles au point de ressembler a un petit amas de bulles. Tout autour s'irradient les pseudopodes qui sont rigides, longs et grêles.

Quant aux radiolaires, ce sont des organismes marins qui flottent à la dérive.

On les distingue des héliozoaires en ce que leur protoplasme est devisé par une capsule en une zone centrale et en une zone périphérique. Il possède le même type de pseudopodes. Les radiolaires ont un squelette compose de silice ou de sulfate de strontium dont les éléments sont des épines disposées en étoiles ou en treillis. Ces squelettes prennent les formes les plus variées ; sphères, casques, disques, cloches, etc. Ils peuvent, comme ceux des foramiferes, s'accumuler en épaisseurs considérables sur le fond des océans. On parle alors de boue à radiolaires.

Les Sporozoaires, protozoaires qui se reproduisent par spores

Les sporozoaires sont tous des protozoaires parasites dont le cycle vital est d'une complexité extrême. A un stade de ce cycle il y a formation de spores. La spore des sporozoaires est généralement recouverte d'une membrane résistante ; on la nomme « Sporozoïte ».les adultes sont dépourvus de moyens de locomotion mais les jeunes sont quelques fois doués de mouvement amiboide.la nourriture, qu'ils tirent de leur hôte, peut consister en protoplasme liquéfie ou autres fluides de l'organisme. Les sporozoaires sont d'actifs agents de maladies chez l'homme et chez les animaux.

Le mieux connu des sporozoaires est sans contredit Plasmodium, le parasite de la malaria. Ses sporozoïdes minuscules, nus et fusiformes, sont injectes dans le sang de l'homme par la piqure d'un moustique femelle du genre Anophèle. Le parasite ne tarde pas a s'installer dans les globules rouges du sang. Les oiseaux, les reptiles, les grenouilles, les singes, les chauves-souris, les écureuils, le buffle et l'antilope peuvent aussi être victimes de *Plasmodium* et souffrir de la malaria .La fièvre des bestiaux du Texas résulte de l'inoculation, par une tique, des sporozoïdes de Babesia bigemina.une maladie fatale aux vers a soie, la pébrine, est causée par Nosema bombycis. La coccidiose des poulets résulte d'une infection par Eimeria.il n'est pas d'animal, en fait qui soit exempt de parasites sporozoaires.

Les cilles (ciliophora) leurs groupes et formes divers

Les ciliés doivent leur nom au fait qu'ils sont couverts de cils, appendices en forme de poils, qui leur servent d'organes locomoteurs. Les cils sont plus courts et beaucoup plus nombreux que les flagelles. Ils sont disposes sur le corps de l'animal en rangées obliques celui des rames d'un canot de course. Le battement moteur des cils se fait vers l'arrière et le battement de recouvrement les faits revir vers l'avant à leur position originale. Le battement des cils n'est pas simultané ; il y a toujours un certain nombre de cils dans la phase active de leur battement et, grâce a cette propulsion continue, l'animal progresse uniformément vers l'avant. Le corps d'un cilié n'est pas absolument rigide ; l'animal peut se tordre ou se recourber ou même s'allonger ou se contracter, mais sa forme générale n'en est pas moins constante et caractéristique. Les ciliés se nourrissent de particules organiques ou peuvent capturer des proies vivantes.

L'opaline est un cilié complètement aplati qui contient un grand nombre de noyaux semblables. On le trouve dans l'intestin de la grenouille .tous les autres ciliés possèdent deux types de noyaux ; des petits que l'on nomme micronucleus et de plus gros, macronucléus. C'est macronucléus qui semble trôler la plupart des activités métaboliques de la cellule, tandis que le micronucleus est plus spécialement réservé aux fonctions reproductrices. La plupart des ciliés possèdent une bouche ou cytostome ; tous ceux qui vivent en eau douce sont pourvus de vacuoles contractiles.

La paramécie est un cilié d'eau douce bien connu dont la forme rappelle celle d'une babouche. Son corps est uniformément recouvert de cils et sa bouche est situe au fond d'un long sillon qui s'évase a l'avant. Certaines espèces du genre *paramecium* peuvent atteindre une longueur d'un tiers de millimètre. Il arrive souvent que la paramécie soit la victime d'un de ses proches parents, le cilié *Didinium*. Ce dernier est un organisme en forme de tonneau qui porte a l'avant une excroissance en forme de cône. La bouche s'ouvre à l'extrémité de ce cône.

Un autre groupe de ciliés, l'ordre des péritriches a une tête en forme de disque ; la bouche est au centre et le pourtour porte plusieurs couronnes de cils. Les courants d'eau engendres par le battement de ces cils entrainent les particules nutritives vers la bouche. Les reste du corps porte peu de cils ou pas du tout. Il s'agit généralement d'espèces qui vivent fixées sur un support quelconque par un pédoncule. Un membre représentatif du groupe des péritriches est *vorticella*, dont le corps a la forme d'une cloche.les membres d'un autre groupe (la classe des suctoria ou tentaculifères) sont dépourvus de cils a l'état adulte. Ils possèdent, a la place, des tentacules dont ils se servent pour capturer leur proie et lui sucer ensuite son protoplasme .Les tentaculifères sont assez communs dans la mer ou en eau douce. Ils peuvent être sphériques, coniques, cylindriques, allonges ou même ramifies et plusieurs sont fixes par des pédoncules. Certaines autorités rangent parfois les suctoria en classe de ciliés plutôt qu'en un cinquième groupe.

Blepharisma est un cilié typique de l'ordre des spirotriches. Son corps rougeâtre, allonge en ovale, porte des cils natatoires et des rangées de cils soudés; les membranelles sont disposée tout autour de la bouche pour y diriger la nourriture. Un autre spirotriche d'eau douce, spirostomum, possède un corps allonge et cylindrique qui peut avoir jusqu'à trois millimètres de long. C'est, on le voit, un véritable géant parmi les protozoaires. Une autre forme d'eau douce. Stylonychia, a un contour ovoïde. Sa surface supérieure est convexe, tandis que l'inferieure est aplatie. C'est un cilié qui porte des cirres, des poils raides de fort diamètre qui lui servent de pattes pour marcher sur le fond.

Epidinium, un cilié qui vit dans le tube digestif des bovins et des rennes, donne une bonne idée de la complexité que peuvent atteindre les protozoaires. Il possède des organes spécialisé pour la locomotion et l'ingestion de la nourriture, pour avaler et digérer ses proies, pour l'exécution de la contraction. La forme du corps est maintenus par des plaques squelettiques, les résidus non digestibles s'accumulent dans un rectum et sont éliminés par un anus. Comme chez les autres ciliés, il existe des noyaux pour le maintien du métabolisme et d'autres à des fins de production.

www.ingramcontent.com/pod-product-compliance
Lightning Source LLC
Chambersburg PA
CBHW031512210526
45463CB00008B/3202